Bibliografische Information der Deutschen Nationalbibliothek:

Die Deutsche Bibliothek verzeichnet diese Publikation in der Deutschen Nationalbibliografie; detaillierte bibliografische Daten sind im Internet über http://dnb.d-nb.de/ abrufbar.

Impressum:

Druck und Bindung: Books on Demand GmbH, Norderstedt Germany
ISBN: 9783640544981

Dieses Buch bei GRIN:

http://www.grin.com/de/e-book/143939/vegetation-und-oekologie-abgelassener-teiche-in-der-umgebung-von-kirchberg

Wolfgang Thoß

Vegetation und Ökologie abgelassener Teiche in der Umgebung von Kirchberg südlich von Zwickau (Sachsen) (1989-2006)

GRIN Verlag

Vegetation und Ökologie abgelassener Teiche in der Umgebung von Kirchberg südlich von Zwickau (Sachsen) (1989 – 2006)

Wolfgang Thoß

Zusammenfassung

Von 1989 bis 2006 wurde vom Autor die Vegetation abgelassener Teiche im Kirchberger Teichgebiet südlich von Zwickau erfasst. Einleitend wird das Untersuchungsgebiet einschließlich Naturraum, Geologie und Klima erläutert.

Bei der Untersuchung werden die Europäischen Strandling-Flachwassergesellschaften *(Littorelletalia* W. KOCH *1926*) mit der Zwiebelbinsen-Gesellschaft (*Juncus bulbosus-Littorelletalia*-Gesellschaft) und der Nadelsumpfsimsen-Gesellschaft (*Eleocharition acicularis* PIETSCH *1967 em.* DIERßEN *1975*) sowie die Eisumpfsimsen-Zypergrasseggen-Gesellschaft (*Eleocharito ovatae-Caricetum bohemicae* KLIKA 1935) ausgewiesen.

Die ökologische Auswertung der Vegetationsaufnahmen umfasst Status, Strategietyp, Ausbreitungsart, Hemerobie, Urbanität, Lebensform sowie Licht-, Temperatur-, Feuchte-, Reaktions- und Nährstoffzeiger.

Anmerkungen zu Fragen des Naturschutzes beschließen den Beitrag.

0 Einleitung

Der Autor beobachtete 1989 erstmals die Gesellschaften des „nackten Teichschlamms“ am Herrenteich bei Stangengrün. Das war Anlass, sich mit diesen Gesellschaften näher zu befassen. Allerdings waren die Beobachtungsmöglichkeiten stark eingeschränkt, da die Teiche selten abgelassen werden. In den Folgejahren bis 2006 wurde daraufhin ab Mai im Teichgebiet immer wieder nach abgelassenen Stillgewässern gesucht, auf deren Teichböden sich eine Vegetation ausbildete. Die vorliegende Arbeit stellt die Ergebnisse dieser Untersuchungen vor.

1 Charakteristik des Untersuchungsgebietes

Das Kirchberger Teichgebiet liegt etwa 13 Kilometer südlich von Zwickau (Sachsen) im Kirchberger Becken. Das Untersuchungsgebiet umfasst folgende topografische Karten einschließlich ihrer Viertelquadranten: Zwickau-Süd: 5340/42, 44, Wilkau-Haßlau: 5341/33, Auerbach: 5440/22 und Schneeberg: 5441/11.

Nach BASTIAN & SYRBE (o. J.) gehört das Gebiet naturräumlich zum Westerzgebirge. Das Ausraumbecken hat die Form einer Ellipse mit etwa 12 Kilometern in der Breite und 14 Kilometern in der Länge.

Die untersuchten Teiche liegen in einer Höhe zwischen 345 m und 450 m über NN.

Der geologische Untergrund besteht aus einem Biotitgranit unterschiedlicher petrographischer Härte. Es wird zwischen feinkörnigem, porphyrisch feinkörnigem, mittelkörnigem, meist nicht porphyrischem und mittel-grobkörnigem porphyrischem Biotitgranit unterschieden.

Bei der Verwitterung entstanden Grusschichten unterschiedlicher Mächtigkeit mit relativ hohem Tonanteil, die sich vor allem in Bachtälern und Hohlformen abgelagert haben. Das Anlegen von Teichen wurde dadurch begünstigt. Große Stillgewässer wie Kleiner Filzteich (ca. 9 ha) und Herrenteich (ca. 8 ha) sowie die ehemalige Trinkwassertalsperre Wolfersgrün (ca. 11 ha) sind an einen fischereiwirtschaftlichen Betrieb verpachtet. An diesen Gewässern erfolgt regelmäßig eine Zufütterung. Die kleineren Teiche werden von ihren Besitzern beziehungsweise Pächtern in den letzten Jahren wieder zunehmend für den eigenen Bedarf genutzt. Im Großen Teich bei Irfersgrün (ca. 3 ha) wird keine Fischzucht betrieben. Die Teiche sind flach und können sich deshalb in den Sommermonaten schnell erwärmen. Sie sind meist ganzjährig „bespannt“. Ein Ablassen erfolgt in unregelmäßigen Abständen meist nur für kurze Zeit im Winter.

Das Klima des Untersuchungsgebiets wird den unteren Lagen zugerechnet. Jährlich fallen im Gebiet zwischen 720 und 800 mm Niederschläge. Die Jahresdurchschnittstemperatur wird mit 7° bis 8° C ausgewiesen (nach Klima-Atlas der DDR, II/7, 1958 ergänzt). Strahlungsnebel, teilweise auch Kaltluftansammlungen treten besonders in den zahlreichen frostgefährdeten Tälern und Senken auf, in denen die meisten Teiche anzutreffen sind.

Die Laichkraut- und Schwimmblattgesellschaften (*Potametalia* W. KOCH 1926) und Teichlinsen- Gesellschaften (*Lemno minoris-Spirodeletum polyrhizae* W. Koch 1954) sind vor allem in den größeren Gewässern nur schwach ausgebildet. Die flachen Randbereiche werden meist von Großröhrichten (*Phragmition australis* W. KOCH 1926) und Zweizahn-Ufergesell-schaften (*Bidentetalia tripartitae* Br.-Bl. et Tx. ex Klika et Hadac 1944) bestimmt.

Der pH-Wert der bewirtschafteten Teiche liegt im neutralen Bereich. So ergaben Messungen zwischen 1980 und 1990 am Kleinen Filzteich und Herrenteich Durchschnittswerte von 7,2.

Die Lage der untersuchten Stillgewässer ist der folgenden Skizze zu entnehmen. Als Orientierungshilfe sind die wichtigsten Ortschaften und das Netz der Fließgewässer eingezeichnet.

Abb. 1 Lage der untersuchten Teiche

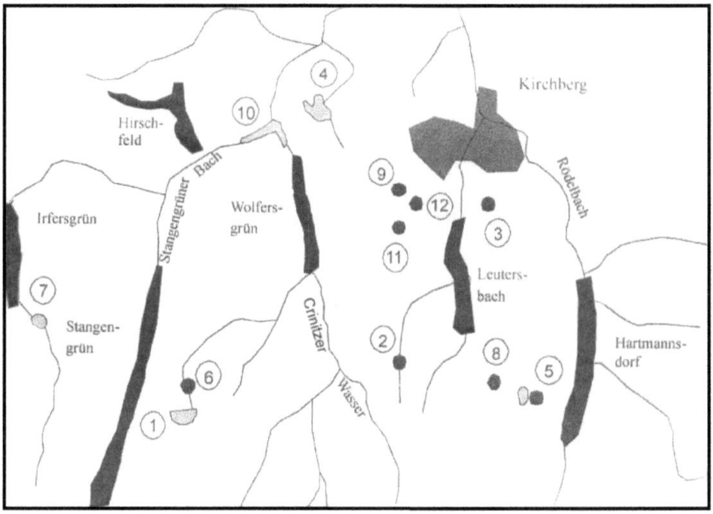

Erläuterungen:

1	Herrenteich bei Stangengrün	7	Großer Teich bei Irfersgrün
2	Großer Teich bei Giegengrün	8	Teich zwischen Hartmannsdorf und Giegengrün
3	Teich südlich des Geyersberges bei Kirchberg	9	Teich unter dem Himmelteich
4	Kleiner Filzteich	10	Talsperre Wolfersgrün
5	Teich unterhalb des Hauptteiches bei Hartmannsdorf	11	Teich unter dem Hammerliebteich
6	Teich unter dem Herrenteich bei Stangengrün	12	Himmelteich

2 Methodik

Bei der Nomenklatur der wissenschaftlichen Namen wird HARDTKE & IHL (2000), bei den Moosen MÜLLER (2004) und bei den Vegetationseinheiten BÖHNERT et al. (2001) gefolgt.

Die Vegetationsaufnahmen wurden nach der Methode der kombinierten Schätzung von Dominanz und Abundanz nach Braun-Blanquet (1964) angefertigt. Die Größe der Aufnahmeflächen beträgt jeweils 4 m^2. Die Angaben zum Status beziehen sich auf die Angaben des „Atlas der Farn- und Samenpflanzen Sachsens“ (HARDTKE & IHL 2002). Bei den Strategie- und Ausbreitungstypen sowie den Lebensformen wird FRANK & KLOTZ (1990) gefolgt. Ergänzt wurden diese Angaben durch BIOFLOR (KLOTZ et al. 2002). Berechnet sind jeweils die prozentualen Anteile. Die biologisch-ökologische Auswertung der Vegetationsaufnahmen für die Zeigerwerte Licht-, Temperatur-, Feuchte-, Reaktions- und Nährstoffzahl basieren auf den „Zeigerwerte (n) von Pflanzen in Mitteleuropa“ nach ELLENBERG et al. (1992). Erfasst sind jeweils alle Arten der beschriebenen Gesellschaften. Berechnet sind die arithmetischen Mittelwerte.

Einige der Teiche wurden im Zeitraum der Untersuchung mehrmals untersucht.

Die Hoch- und Rechtswerte (Gauß-Krüger) der untersuchten Stillgewässer sind bei der Herkunft der Vegetationsaufnahmen aufgeführt.

3 Beschreibung der Gesellschaften

Strandlingsgesellschaften sind in Sachsen vor allem im Oberlausitzer Heide- und Teichgebiet reich ausgebildet. So publizierte PIETSCH (1966, 1967) das *Littorello-Eleocharitetum acicularis* und die *Juncus bulbosus-Littorelletalia*-Gesellschaft mit den Ausbildungsformen von *Luronium natans* und *Coleanthus subtilis* sowie die *Juncus bulbosus-Littorelletalia*-Gesellschaft (Zwiebelbinsen-Gesellschaft), einer Ausbildungsform mit *Luronium natans*. Das Froschkraut kommt in Sachsen nur in der Lausitz zerstreut vor; das Scheidenblütgras ist vorwiegend im Osterzgebirge an den Hüttenteichen in der Umgebung von Freiberg zu beobachten.

Bei den Untersuchungen des Autors im Kirchberger Teichgebiet konnten nur das *Eleocharition acicularis* PIETSCH 1967 em. DIERßEN 1975 (Nadelsumpfsimsen-Gesellschaft) und die *Juncus bulbosus-Littorelletalia*-Gesellschaft (Zwiebelbinsen-Gesellschaft) nachgewiesen werden.

Beide Gesellschaften, das *Eleocharition acicularis* sowie die *Juncus bulbosus-Littorelletalia*-Gesellschaft benötigen für ihre Entwicklung eine relativ lange litorale Ökophase. Die Nadelsumpfsimsen-Gesellschaft (*Eleocharition acicularis*) bildet im flachen Wasser oft dichte rasige Bestände mit flutenden Sprossen. Gleiches trifft auf die Zwiebelbinsen-Gesellschaft (*Juncus bulbosus-Littorelletalia-Gesellschaft*) zu. *Juncus bulbosus* ist meist wintergrün und zeigt eine weite ökologische Amplitude.

Die Eisumpfsimsen-Zypergrasseggen-Gesellschaft (*Eleocharito ovatae-Caricetum bohemicae*) ist in Sachsen relativ selten anzutreffen. Vorwiegend findet man sie in der Lausitz, in den alten Bergwerksteichen in der Umgebung von Freiberg und im untersuchten Gebiet.

Die Erforschung der Zwergbinsengesellschaften bekam in den 60er Jahren des vorigen Jahrhunderts durch die Arbeiten von PIETSCH & MÜLLER-STOLL (1968) entscheidende Impulse.

Erste Untersuchungen zur Eisumpfsimsen-Zypergrasseggen-Gesellschaft in Sachsen legte UHLIG (1939) vor. Das Gebiet seiner Untersuchungen erstreckte sich dabei vorwiegend auf das Osterzgebirge und das Mittlere Erzgebirge. Vom Westerzgebirge sind nur wenige, vom eigentlichen Untersuchungsgebiet ist von ihm nur eine Vegetationsaufnahme vom Himmelteich bei Kirchberg 1929 belegt.

Die synsystematische Übersicht der untersuchten Gesellschaften zeigt die folgende Übersicht.

K Strandling-Flachwassergesellschaften (*Isoeto-Littorelletea *Br.-Bl. et Vlieger in Vlieger 1937)
Zeh Zwiebelbinsen-Gesellschaft (*Juncus bulbosus-Littorelletalia-Gesellschaft*)
V Nadelsumpfsimsen-Gesellschaften (*Eleocharition acicularis Pietsch* 1967 em. Dierßen 1975)

K Zwergbinsen-Gesellschaften (*Isoeto-Nanojuncetea* Br.-Bl. et Tx. 1943 ex Westhoff et al. 1946)
ASS Eisumpfsimsen-Zypergrasseggen-Gesellschaft (*Eleocharito ovatae-Caricetum bohemicae* Klika 1935)
(K = Klasse, V = Verband, Ass = Assoziation, Zeh = ranglose Gesellschaft)

3.1 *Littorelletalia* W. Koch *1926* (Europäische Strandling-Flachwassergesellschaften)

Wie bereits erwähnt, entwickeln *Eleocharis acicularis* und *Juncus bulbosus* in der litoralen Phase ausgedehnte „Unterwasserrasen“. Nach dem Zurückgehen des Wassers stellen sich in den vegetationsfreien Lücken Arten des *Nanocyperion, Bidentetalia* und *Phragmitetalia* ein. Nimmt der Feuchtigkeitsgehalt der Böden und bodennahen Luftschichten ab, färben sich die Bestände auf Grund des Austrocknungsprozesses gelblich-grün bis gelb und beginnen abzusterben.
Recht artenreich ist die Nadelsumpfsimsen-Gesellschaft (*Eleocharition acicularis*) ausgebildet. Die Assoziationsart *Eleocharis acicularis* erreicht eine Dominanz von 1 – 5. Bei den 28 Vegetationsaufnahmen (insgesamt 39 Arten) zeigen eine höhere Dominanz und Stetigkeit:

- *Isoeto-Nanojuncetea*-Arten: *Rorippa palustris* (r – 2; III), *Gnaphalium uliginosum*
  (r – +; II), *Plantago major subsp. intermedia* (r – 4; II)
- *Bidentetalia*-Arten: *Alopecurus aequalis* (r – 1; II), *Persicaria maculosa* (r – 1; II), *Bidens frondosa* (r – 1; II)
- *Phragmitetalia*-Arten: *Alisma plantago-aquatica* (+ – 2; II).

Bemerkenswert sind die Ausbildungen mit *Elatine hexandra* und *Limosella a-quatica.*
E. h. ist in Sachsen stark zurückgegangen. Der Verbreitungsatlas für Sachsen (HARDTKE et al. 2000) vermerkt nur noch Vorkommen im nördlichen Teil des Landes. Letztmalig konnte der Sechsmännige Tännel 1926 im Himmelteich bei Kirchberg von LIEBOLD gesammelt werden. Die Vegetationsaufnahmen stammen von einem darunterliegenden Teich. Gleichfalls sehr selten im untersuchten Gebiet ist *Limosella aquatica*, das letztmalig 1911 ebenfalls von LIEBOLD in einem Teich bei Wolfersgrün gefunden wurde.

Die Zwiebelbinsen-Gesellschaft (*Juncus bulbosus-Littorelletalia-Gesellschaft*) ist mit insgesamt 18 Gefäßpflanzen bei 14 Vegetationsaufnahmen artenarm ausgebildet. *Juncus bulbosus* kommt mit einer Dominanz 3 – 5 und einer Stetigkeit von 100 % vor.
Ebenfalls besiedeln sich beim Trockenfallen der Teichböden die vorhandenen freien Lücken mit Arten des *Nanocyperion, Bidentetalia* und *Phragmitetalia*.. Einige wenige Arten erreichen eine höhere Dominanz und Stetigkeit (%):

- *Isoeto-Nanojuncetea*-Arten: Eleocharis ovata (+ – 1; II)
- *Bidentetalia*-Arten: *Alopecurus aequalis* (r – 1; II)
- *Phragmitetalia*-Arten: *Glyceria fluitans* (+ – 3; III), *Alisma plantago-aquatica* (+ – 4; II), *Sparganium emersum* (+ – 1; II), *Ranunculus flammula* (+ – 1; II).

3.2 *Eleocharito ovatae-Caricetum bohemicae* KLIKA 1935 (Eisumpfsimsen-Zypergrasseggen-Gesellschaft)

Die Eisumpfsimsen-Zypergrasseggen-Gesellschaft ist eine typische Gesellschaft des „nackten Teichschlamms“ und kann sich nach dem Trockenfallen der Teiche innerhalb von vier Wochen entwickeln..

Voraussetzungen sind das Vorhandensein einer Diasporenbank, eine Restfeuchte des Substrats sowie hohe Tages- und niedrige Nachttemperaturen. Das belegen unter anderem die Untersuchungen von PIETSCH (1999) und POSCHLOD et al. (1999). Die Diasporen können möglicherweise nicht nur Jahrzehnte, sondern sogar mehr als ein Jahrhundert (POSCHLOD et al. 1999) überdauern.

Die geringe Größe und Konkurrenzkraft der Arten des *Eleocharito ovatae-Caricetum bohemicae* bedingt, dass sie nur an offenen, kaum von anderen Arten besiedelten Standorten vorkommt und der Wasserhaushalt eine Ausbreitung anderer Arten verhindert.

Carex bohemica fand LIEBOLD (Herbar Kirchberg) 1925, 1928 und 1929 in Teichen unterhalb des Himmelteiches und des Kleinen Filzteiches. Von *Eleocharis ovata* gibt es ebenfalls Herbarbelege von LIEBOLD (1904) vom Himmelteich und Kleinem Pohlteich (1924), beide im Herbar Kirchberg. GULICH (1955) berichtet in seinen Beobachtungen im Kirchberger Teichgebiet von einem Fund in einem der oberen Teiche unterhalb des Schelmberges zwischen Wiesen und Kirchberg.

Die 46 Vegetationsaufnahmen weisen insgesamt 59 Arten auf. Eine hohe Dominanz und Stetigkeit (%) erreichen die Assoziationsarten *Eleocharis ovata* (+ – 4; V) und *Carex bohemica* (r – 4; IV).

Bei den weiteren soziologischen Artengruppen sieht es wie folgt aus:

- *Isoeto-Nanojuncetea*-Arten: *Rorippa palustris* (r – 4; III)
- *Bidentetalia*-Arten: *Alopecurus aequalis* (r – 4; 65,2), *Persicaria maculosa* (r – 3; III), *Bidens frondosa* (r – 3; II), *Persicaria lapathifolia* (+ – 1; II)
- *Isoeto-Littorelletea*-Arten: *Juncus bulbosus* (+ – 1; I)
- *Phragmitetalia*-Arten: *Alisma plantago-aquatica* (r – 3; IV), *Epilobium ciliatum* (r – 2; II), *Typha latifolia* (r – 3; II)

Hatte sich eine Vegetation in den abgelassenen Teichen in den vorausgegangenen Jahren erst ab Mitte Juli voll entwickelt, fand das 2006 vier Wochen früher statt. Nachdem am Herrenteich bereits im Frühjahr die flachen Randbereiche trocken fielen, waren in der ersten Dekade des Juni die Arten der *Eleocharito ovatae-Caricetum bohemicae*-Gesellschaft schon voll entwickelt und nahmen eine Fläche von über einem Hektar ein. Eine Samenbildung war bereits Anfang Juli zu beobachten. Eine Erklärung könnte der abweichende Wetterverlauf des Frühjahres 2006 gewesen sein.

Tabelle 1: Temperaturverlauf der Monate April bis August 2006 in Zwickau

	April	Mai	Juni	Juli	August
langjährige Normal-Temperatur [Ø]/ °C	7,6° C	12,9° C	15,8° C	17,6° C	16,7° C
Temperaturen 2006					
Temperatur [Ø]/ °C	8,4° C	13,1° C	17,3 °C	22,3° C	15,4° C
Temperatur [min] / °C	-2,9° C	1,6° C	0,8° C	7,2° C	7,2° C
Temperatur max] / °C	23,6° C	26,0° C	31,2° C	35,6° C	27,2° C

Die Angaben stammen von der privaten Wetterstation René Blank (www.zwickau-wetter.de). Diese liegt am südwestlichen Rand der Stadt Zwickau im Stadtteil Maxhütte 320 m über Normalnull. Die Entfernung bis zur Mitte des Untersuchungsgebietes beträgt ca. 13 Kilometer. Nächtliche Kaltluftansammlungen in den Hohlformen, in denen die meisten Teiche liegen, verbunden mit einer hohen Sonneneinstrahlung tagsüber, dürften die Temperaturunterschiede weiter verstärken.

Die Zahl der sich ansiedelnden Moose nach dem Zurückgehen des Wassers spielte keine wesentliche Rolle. So konnten u.a. *Bryum argenteum*, *Bryum bicolor*, *Bryum cyclophyllum*, *Physcomitrium eurystomum*, *Pseudephemerum nitidum*, *Riccia fluitans* (Landform) und *Riccia sorocarpa* mit nur geringer Stetigkeit nachgewiesen werden.

Nicht wieder bespannte Teiche werden schnell von konkurrenzstarken Arten erobert.

An einem Teich unterhalb des Herrenteiches, dessen Wasserzulauf 1999 unterbrochen wurde, konnten 2007 folgende Pflanzen kartiert werden:

Aufkommende Gehölze:

Fraxinus excelsior (+), *Populus tremula* (+), *Salix caprea* (r), *Salix purpurea* (r)

Kräuter:

Agrostis capillaris (+), *Alchemilla spec.* (r), *Calamagrostis epigejos* (3), *Cirsium arvense* (r), *Cirsium palustre* (r), Cirsium *vulgare* (r), *Dactylis glomerata* (r), *Epilobium ciliatum* (+), *Glyceria fluitans* (+), *Juncus effusus* (1), *Lycopus europaeus* (+), *Phleum pratense* (+), *Plantago lanceolata* (r), *Ranunculus acris* (+), *Ranunculus repens* (1), *Scirpus sylvaticus* (+), *Taraxacum officinale agg.* (r), *Urtica dioica* (1).

Erfolgen keine weiteren anthropogenen Eingriffe, so entwickeln sich letztendlich Waldgesell-schaften, in denen bei entsprechender Bodenfeuchte *Alnus glutinosa* und *Betula spec.* dominieren.

4 Ökologische Zeigerwerte

Es erfolgt die Auswertung von Status, Ausbreitungstyp, Strategietyp, Hemerobie, Urbanität, Lebensform und der Mittelwerte der Licht-, Temperatur-, Feuchte-, Reaktions- und Nährstoffzeiger.

4.1 Status

Die Mehrheit der Arten nehmen bei den untersuchten Gesellschaften die **Indigenen** ein. **Neophyten** spielen mit 5,1 % eine untergeordnete Rolle. *Bidens frondosa* wanderte nach 1950 in das Gebiet um Zwickau ein und ist mittlerweile auf Grund seiner breiten ökologischen Amplitude häufiger als *Bidens tripartita* anzutreffen. Gleichfalls explosionsartig (HARDTKE& IHL 2000) hat sich *Epilobium ciliatum* in den letzten Jahrzehnten ausgebreitet und dringt in mehrere Gesellschaften ein. Ein ähnlich expansives Verhalten zeigt *Solidago canadensis*. Einen geringen Anteil verzeichnen die Archäophyten, die nur im *Eleocharito ovatae-Caricetum bohemicae* vorkommen. Es sind *Echinochloa crus-galli*, *Sonchus oleraceus* und *Tripleurosperum perforatum*

Tab. 2 Status

Status	*Eleocharition acicularis*		**Juncus bulbosus-Littorelletalia-G.**		**Eleocharito ovatae-Caricetum bohemicae**	
	Anzahl	%	***Anzahl***	***%***	***Anzahl***	***%***
Indigene	37	94,9	***18***	***100***	***53***	***89,8***
Archäophyten	-	-	-	-	***3***	***5,1***
Neophyten	2	5,1	-	-	***3***	***5,1***

4.2 Strategietypen (Abb. 2)

Die Konkurrenzstrategen (**c**) sind im *Eleocharition acicularis* und *Eleocharito ovatae-Caricetum bohemicae* mit *Alnus glutinosa, Betula pendula* und *Salix caprea* sowie *Phalaris arundinacea* und *Epilobium ciliatum* die dominierenden Pflanzen. Es sind vor allem Bäume und krautige Arten mit hoher Konkurrenzkraft. In der *Juncus bulbosus-Littorelletalia*-Gesellschaft erreichen sie nur einen Anteil von 6,3%. Hier haben die Konkurrenz-Stress-Ruderal-Strategen (**csr**) mit *Alisma plantago-aquatica, Juncus bulbosus* und *Ranunculus flammula* einen weitaus höheren Anteil gegenüber dem *Eleocharition acicularis* und dem *Eleocharito ovatae-Caricetum bohemicae*. Es sind vor allem die kleinwüchsigen, kurzlebigen und ausdauernden Rosettenpflanzen, die diesen Typ kennzeichnen. Ursache für den relativ großen Anteil bei der *Juncus bulbosus-Littorelletalia-Gesellschaft* könnte die geringere Artenzahl sein, die in die statistische Berechnung eingegangen sind.

Die Konkurrenz-Stress-Strategen (**cs**) sind mit 18,4 % – 25,0 % vertreten. Mit höherer Stetigkeit kommen vor allem *Eleocharis palustris, Glyceria fluitans, Lycopus europaeus, Rumex aquaticus* und *Sparganium emersum* vor.

Es folgen die Konkurrenz-Ruderal-Strategen (**cr**), einem Übergangstyp zwischen Konkurrenzstrategen und Ruderalstrategen. Sie erreichen einen Anteil von 17, 5 % – 18,8 % der untersuchten Strategietypen. Sie sind u.a. mit *Bidens frondosa, Bidens tripartita, Persicaria maculosa, Rorippa palustris* vertreten.

Der Übergangstyp zwischen Stress und Ruderalstrategen, die Stress-Ruderal-Strategen (**sr**) spielen mit 3,5 % – 6,3 % eine untergeordnete Rolle. Nur *Alopecurus aequalis* zeigt eine höhere Stetigkeit.

Stressstrategen (**s**) konnten bei den Untersuchungen nicht festgestellt werden.

4.3 Ausbreitungsarten (Abb. 3)

Bei der Besiedlung der trocken fallenden Teiche zeichnen sich drei wichtige Verbreitungswege ab: die Klett-, die Wind- und die Wasserausbreitung.
Die Klettausbreitung (**e**) mit 33,3 % – 41,2 % wird vermutlich durch anhaftenden Schlamm an den Füßen der Wasservögel stark gefördert. Hierzu gehören vor allem gesellschaftsbestimmende Arten wie *Eleocharis acicularis*, *Juncus bulbosus*, *Carex bohemica* und *Eleocharis ovata*, aber auch *Alisma plantago-aquatica*, *Alopecurus aequalis*, *Glyceria fluitans*, *Bidens frondosa*, *Plantago major subsp. intermedia*, *Gnaphalium uliginosum* und *Ranunculus flammula*.
Die zweite Stelle nimmt mit 29,4 % – 37,5 % die Windausbreitung (**w**) ein, die vor allem von den dominanten gesellschaftsbestimmenden Arten *Eleocharis acicularis*, *Juncus bulbosus*, *Carex bohemica* und *Eleocharis ovata* genutzt wird.
Einen dritten Platz nimmt die Wasserausbreitung (**h**) mit 16,5 – 20,6 % ein. Da die untersuchten Teiche meist in Tälchen kaskadenförmig angelegt sind, werden beim Ablassen die Diasporen in die darunter liegenden Teiche transportiert. Genutzt wir diese Ausbreitungsart vor allem von *Alisma plantago-aquatica*, *Sparganium emersum*, *Alisma plantago-aquatica* und *Rorippa palustris*.
Selbstausbreiung (**s**), Ameisenausbreitung (**a**), Menschenausbreitung (**m**), Verdauungsausbreitung (**v**) und Verschleppung durch Tiere (**t**) spielen eine untergeordnete Rolle.

4.4 Hemerobie (Abb. 4)

Der Hemerobiezeigerwert bringt den Grad der menschlichen Beeinflussung der Pflanzen zum Ausdruck. Er wird meist durch die Kombination mehrerer Hemerobiestufen ausgewiesen
Mit einem Anteil von 31,4 % bis 33,3 % nehmen die mesohemeroben (**m**) Arten den ersten Platz ein, Arten die vor allem in Forsten mit entwickeltelter Strauch- und Krautschicht, Heiden, Trocken- und Magerrasen und Landschaftsparks be-

siedeln. An zweiter Stelle kommen die oligohemeroben (**o**) Arten (21,8 % – 28,6%). Es sind vor allem Arten schwach durchforsteter oder schwach beweideter Wälder, anwachsender Dünen, wachsender Flach- und Hochmoore. Es folgen die beta-euhemeroben (**b**) Pflanzen (19,0 % – 23,7 %), Arten der Intensivweiden, -wiesen und -forsten, reicher Zierrasen und die alpha-euhemeroben (**c**) Arten (14,3 % – 16,7 %). Zu diesen 3 Gruppen zählen die gesellschaftsbestimmenden Arten *Eleocharis acicularis*, *Eleocharis ovata* und *Juncus bulbosus*. Eine höhere Stetigkeit erreichen aber auch *Alisma plantago-aquatica*, *Alopecurus aequalis*, *Glyceria fluitans* und *Persicaria maculosa*. Die polyhemeroben (**p**) Pflanzen (4,8 % – 6,4 %) weisen nur einen geringen Anteil auf. Zu dieser Gruppe zählen Arten der Sonderkulturen, Abfalldeponien, Abraumhalden und Trümmerschuttflächen. Mit geringer Stetigkeit kommen *Persicaria maculosa*, *Bidens frondosa*, *Epilobium ciliatum*, *Persicaria lapathifolia* und *Plantago major subsp. intermedia* vor.

4.5 Urbanität (Abb. 5)

Mit der Urbanität wird „das Verhalten der Arten gegenüber dem Standortkomplex Stadt“ zum Ausdruck gebracht (Frank et al. 1990).
Den höchsten Anteil (39,0 % – 51,3 %) nehmen die mäßig urbanophoben (**2**) Arten ein. Sie kommen vorwiegend außerhalb menschlicher Siedlungen vor. Dazu gehören vor allem *Alisma plantago-aquatica*, *Alopecurus aequalis*, *Glyceria fluitans*, *Persicaria maculosa*, *Plantago major subsp. intermedia* und *Rorippa palustris*.
Es folgen die urbanophoben (**1**) Arten (30,8 % – 38,9 %), die ausschließlich außerhalb menschlicher Siedlungen anzutreffen sind. Dazu zählen gesellschaftsbestimmende Sippen wie *Eleocharis acicularis*, *Juncus bulbosus* und *Eleocharis ovata*.

Die urbanoneutralen (**3**) Arten (11,1 % – 25,4 %) bevorzugen weder siedlungsnahe noch siedlungsferne Standorte. Hier sind es vor vor allem *Bidens frondosa* und *Epilobium ciliatum*, die eine höhere Stetigkeit erreichen.
Mäßig urbanophile (**4**) Sippen (1,7 %) nehmen nur einen sehr geringen Anteil im *Eleocharito ovatae-Caricetum bohemicae* ein. Dazu gehört auch *Tanacetum vulgare*. Urbanophile Sippen fehlen.

4.6 Lebensformen (Abb. 6)

Von Bedeutung bei der Besiedlung der Teichböden ist die Lebensform der Arten.
Hier erreichen die Hemikryptophyten (**h**) mit ihren nahe der Erdoberfläche liegenden Überwinterungsknospen mit 34,8 % – 41,3 % den ersten Rang. Stetigkeiten mit über 10 % erreichen *Eleocharis acicularis* (100,0 %), *Carex bohemica* (73,9 %), *Rorippa palustris* (45,7 %) und *Alopecurus aequalis* (65,2 %).
In der *Juncus bulbosus-Littorelletalia*-Gesellschaft nehmen die Hydrophyten (**a**) mit einem Anteil von 30,4 % den höchsten Anteil in dieser Gruppe ein. Erwähnenswert sind hier vor allem *Glyceria fluitans*, *Sparganium emersum* und *Eleocharis acicularis*.
Eine bedeutende Rolle haben auch die Theropyten (**t**), die ungünstige Zeiten als Diasporen überdauern. Mit 25,3 % – 26,1 % sind diese in den untersuchten Gesellschaften fast gleich verteilt. Hierzu zählen u.a. *Eleocharis ovata*, *Alopecurus aequalis*, *Bidens* frondosa , *Persicaria maculosa* und *Rorippa palustris*. Nur geringe Anteile haben krautige Chamaephyten (**c**), Nanophanerophyten (**n**) und Phanerophyten (**p**).

4.7 Licht-, Temperatur-, Feuchte-, Reaktions- und Nährstoffzeiger (Abb. 7)

Da eingehende Untersuchungen der Teichböden im Rahmen der vorliegenden Arbeit nicht möglich waren, erfolgt die Auswertung mit Hilfe der Ellenbergischen Zeigerwerte. Ermittelt wurden dabei die arithmetischen Mittelwerte.
Bei den Licht (**L**)-Zahlen dominieren die Halblichtpflanzen, die volles Licht aber auch Schatten bis 30 % tolerieren.. Die Temperatur (**T**)-Zahlen zeigen, dass vorwiegend Mäßigwärme-bis Wärmezeiger vorkommen. Bei den Feuchte (**F**)-Zahlen erreichen erwartungsgemäß die Nässezeiger den höchsten Anteil. Die Reaktions (**R**)-Zahlen zeigen, dass die Standorte mäßig sauer bis schwach sauer bis schwach basisch sind. Die Nährstoff (**N**)-Zahlen weisen die Standorte als mäßig nährstoffreich bis nährstoffreich aus.

Bemerkenswert ist, dass sich die **Juncus bulbosus-*****Littorelletalia-Gesellschaft von den anderen Gesellschaften nicht wesentlich unterscheidet.*** **Juncus bulbosus** ***wird von ELLENBERG (1992) als stickstoffärmste Standorte anzeigend und auf nährstoffarmen Standorten häufiger als auf mittelmäßigen angegeben. Ursachen für diese Abweichung sind vermutlich Kalkungen bei der Bewirtschaftung der Teiche und die landwirtschaftliche Nutzung des Gebietes. Der Nährstoffaustrag durch Niederschläge erreicht über die Fließgewässer letztendlich auch die Teiche und lässt die Stickstoffgehalte dort ansteigen.***

5 Zusammenfassung

Die gesellschaftsbestimmenden Arten des* Eleocharition acicularis *und der Juncus* bulbosus-Littorelletalia-*Gesellschaft sind bereits im Litoral in kleinen Beständen vorhanden. Nach dem Ablassen des Wassers beginnen sich die Arten auf den Kies- und Schlammbänken schnell zu ausgedehnten Rasen zu entwickeln. Dazwischen finden sich Arten ein, die aus den Gesellschaften der angrenzenden Biotope stammen.

Das *Eleocharito ovatae-Caricetum bohemicae* kann sich auf den schlammig, sandigen Böden nur dort entwickeln, wo noch keine andere Gesellschaft Fuß gefasst hat. Im Boden muß eine Diasporenbank vorhanden und das Substrat noch feucht sein. Weitere Voraussetzungen zum Entwicklungszeitpunkt sind tiefe Nachttemperaturen, die sich mit hohen Tagestemperaturen abwechseln.

Auch hier siedeln sich Arten an, die zu den Gesellschaften gehören, die die Randbereiche bestimmen. sind. Das sind im wesentlichen die bereits genannten Gesellschaften des *Isoeto-Nanojuncetea-*, *Bidentetalia-* und *Phragmitetalia.*

Die Teichböden werden vorwiegend von indigenen Arten besiedelt. Nur die Neophyten *Bidens frondosa* und *Epilobium ciliatum* erreichen in den Gesellschaften eine höhere Stetigkeit.

Bei der Auswertung des Strategieverhaltens zeigt sich, dass die Konkurrenz-, die Konkurrenz-Stress-Ruderal- und die Konkurrenz-Stress-Strategen vorherrschen. Am erfolgreichsten sind Pflanzen beim Aufbau der Gesellschaften, deren Diasporen sich durch Ankletten, durch den Wind und mit dem Wasser ausbreiten können. Bei den Lebensformen dominieren Pflanzen, die zu den Hemikryptophyten, den Hydrophyten und den Therophyten gehören.

Die Auswertung der Licht-, Temperatur-, Feuchte-, Reaktions- und Nährstoffzeiger ergibt, dass sich die Standorte nur wenig voneinander unterscheiden.

Die *Eleocharis acicularis*-Gesellschaft (Nadelsumpfsimsen-Gesellschaft) kommt in Sachsen häufiger vor und hat deshalb keinen Schutzstatus.

Das *Eleocharito ovatae-Caricetum bohemicae* ist durch das gemeinsame Auftreten von *Eleocharis ovata* und *Carex bohemica* sehr gut ausgebildet. Auf Grund ihrer Seltenheit ist die Gesellschaft im Freistaat Sachsen als stark gefährdet ausgewiesen.

Von den aufgeführten Sippen in der Roten Liste der Farn- und Samenpflanzen Sachsens (Stand 1999) sind *Elatine hexandra* als stark gefährdet, *Carex bohemica, Eleocharis ovata, Isolepis setacea, Peplis portula, Veronica scutellata, Eleocharis ovata* und *Limosella aquatica* als gefährdet eingestuft. *Eleocharis acicularis* steht dagegen bisher nur auf der Vorwarnliste.

Bei den Moosen ist *Bryum cyclophyllum* in der Roten Liste der Moose Sachsens (Stand 1998) als stark gefährdet, *Fossombronia foveolata, Physcomitrium eurystomum* und *Riccia fluitans* als gefährdet ausgewiesen.

Abb. 2

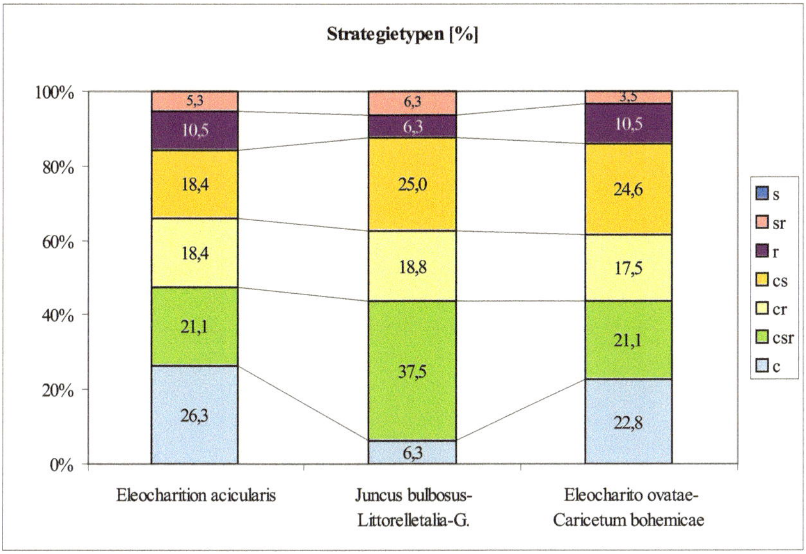
Strategietypen [%]
100%
80%
60%
40%
20%
0%
5,3
10,5
18,4
18,4
21,1
26,3
6,3
6,3
25,0
18,8
37,5
6,3
3,5
10,5
24,6
17,5
21,1
22,8
s
sr
r
cs
cr
csr
c
Eleocharition acicularis
Juncus bulbosus-
Littorelletalia-G.
Eleocharito ovatae-
Caricetum bohemicae

Abb. 3

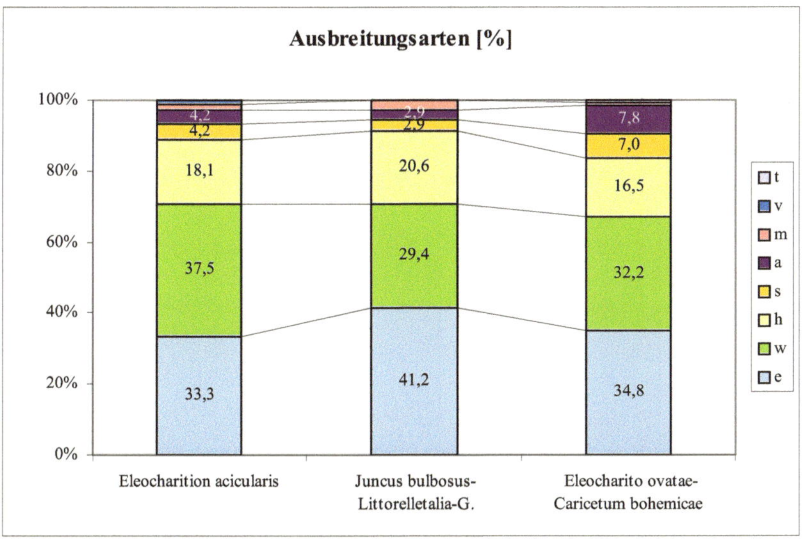
Ausbreitungsarten [%]
100%
80%
60%
40%
20%
0%
4,2
4,2
18,1
37,5
33,3
2,9
2,9
20,6
29,4
41,2
7,8
7,0
16,5
32,2
34,8
t
v
m
a
s
h
w
e
Eleocharition acicularis
Juncus bulbosus-
Littorelletalia-G.
Eleocharito ovatae-
Caricetum bohemicae

Abb. 4

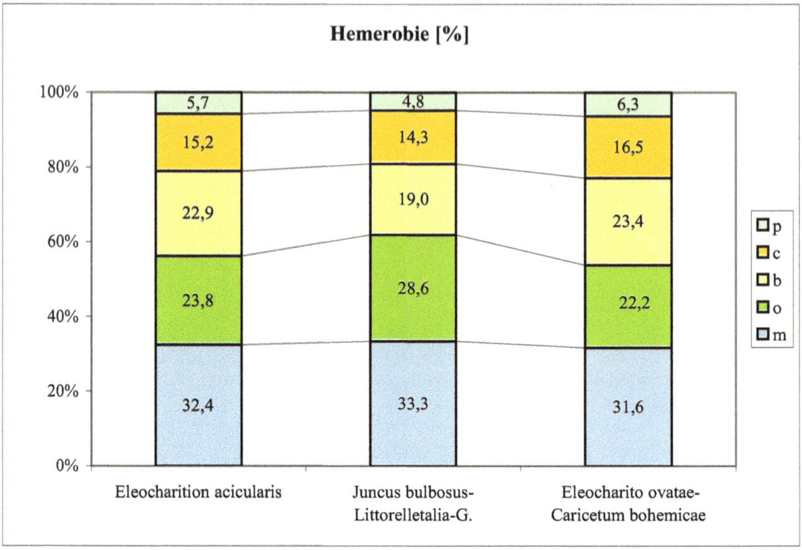
Hemerobie [%]
100%
80%
60%
40%
20%
0%
5,7
15,2
22,9
23,8
32,4
4,8
14,3
19,0
28,6
33,3
6,3
16,5
23,4
22,2
31,6
p
c
b
o
m
Eleocharition acicularis
Juncus bulbosus-Littorelletalia-G.
Eleocharito ovatae-Caricetum bohemicae

Abb. 5

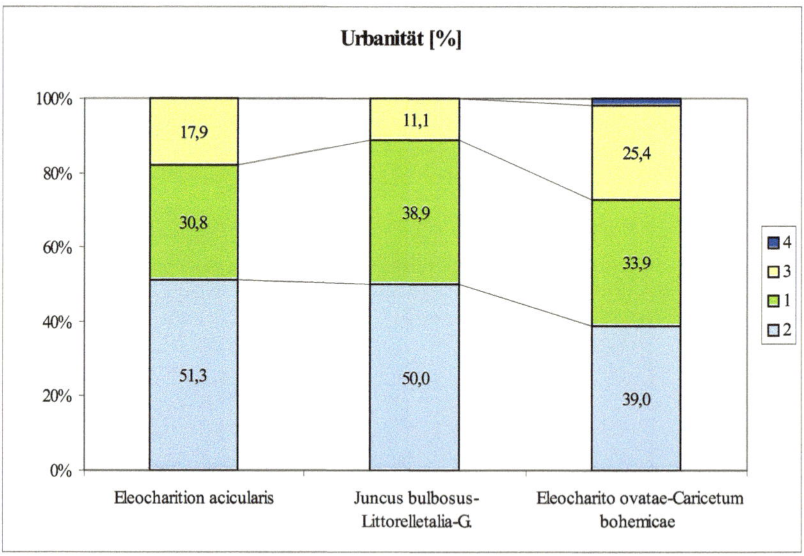
Urbanität [%]
100%
80%
60%
40%
20%
0%
17,9
30,8
51,3
11,1
38,9
50,0
25,4
33,9
39,0
4
3
1
2
Eleocharition acicularis
Juncus bulbosus-Littorelletalia-G.
Eleocharito ovatae-Caricetum bohemicae

Abb. 6

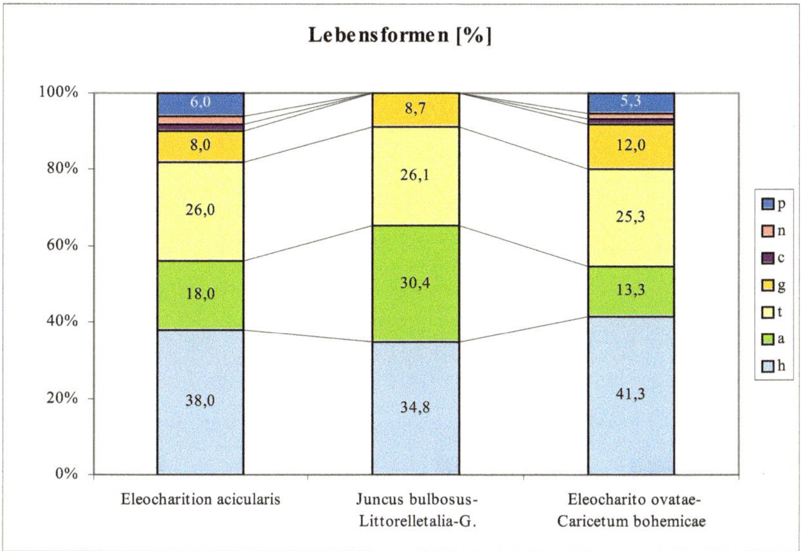
Lebensformen [%]
100%
80%
60%
40%
20%
0%
6,0
8,0
26,0
18,0
38,0
8,7
26,1
30,4
34,8
5,3
12,0
25,3
13,3
41,3
p
n
c
g
t
a
h
Eleocharition acicularis
Juncus bulbosus-Littorelletalia-G.
Eleocharito ovatae-Caricetum bohemicae

Abb. 7

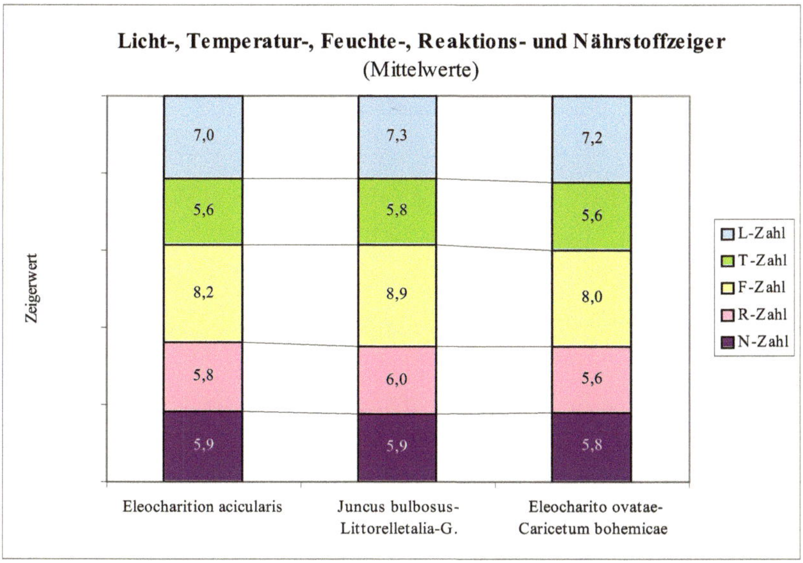
Licht-, Temperatur-, Feuchte-, Reaktions- und Nährstoffzeiger
(Mittelwerte)
Zeigerwert
7,0
5,6
8,2
5,8
5,9
7,3
5,8
8,9
6,0
5,9
7,2
5,6
8,0
5,6
5,8
L-Zahl
T-Zahl
F-Zahl
R-Zahl
N-Zahl
Eleocharition acicularis
Juncus bulbosus-Littorelletalia-G.
Eleocharito ovatae-Caricetum bohemicae

Die Gesellschaften einschließlich Samenpflanzen und Moose sind im Kirchberger Teichgebiet durch Aufgabe des regelmäßigen Wechsels von Ablassen und Anspannen der Teiche sowie einer Intensivierung der Teichbewirtschaftung mit der damit verbundenen Gewässereutrophierung gefährdet. Durch eine neu entstandene Schweinemastanlage kann es in den nächsten Jahren durch das verstärkte Ausbringen von Gülle unter Umständen zu einem zunehmenden Nährstoffeintrag in die Teiche kommen. Eine weitere Gefährdung ist das Zuschütten von kleineren Stillgewässern. Gab es zur Wende zum zwanzigsten Jahrhundert noch 906 Teiche (Vergleich zwischen den topografischen Karten der Jahre 1990 - 1999 mit den geologischen Karten im 19. sowie Beginn des 20. Jahrhunderts im Maßstab 1 : 25 000) im Gebiet, so sind zum gegenwärtigen Zeitpunkt noch 348 Teiche unterschiedlicher Größe vorhanden. Dieser gravierende Rückgang von über 60 % schränkt die Diversität der Gesellschaften zunehmend ein.

Abb. 8 Verlust der Zahl der Teiche im Kirchberger Granitgebiet

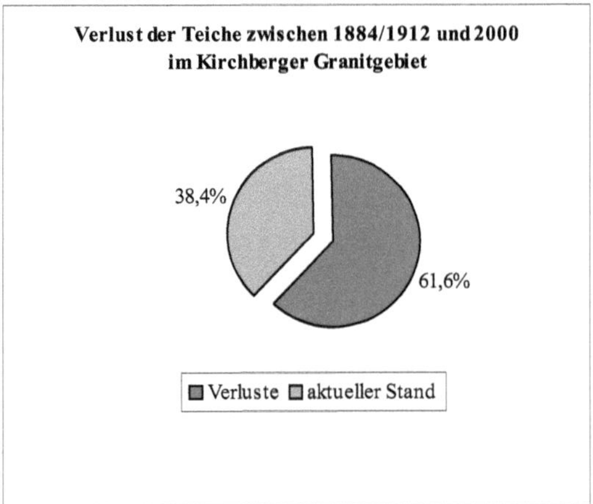

6 Danksagung

Herrn Prof. Pietsch (Dresden) danke ich für die aufschlussreiche Diskussion zu den untersuchten Gesellschaften. Mit Herrn PD Dr. Ing. habil. Sänger diskutierte ich Probleme der Ökologie. Für seine Anregungen bin ich ihm sehr dankbar.

7 Quellenverzeichnis

BASTIAN, O. & SYRBE, R.-U. (o. J.): Naturräume in Sachsen - eine Übersicht. Landschaftsgliederungen in Sachsen. Hrsg. durch den Landesverein Sächsischer Heimatschutz e. V. Dresden.

BÖHNERT, W., GUTTE, P. & SCHMIDT, P. (2001): Verzeichnis und Rote Liste der Pflanzengesellschaften Sachsens. Materialien zu Naturschutz und Landschaftspflege. Hrsg. Sächsisches Landesamt für Umwelt u.Geologie. Dresden.

BONN, S. & POSCHLOD, P. (1998): Ausbreitungsbiologie der Pflanzen Mitteleuropas. Verlag Quelle & Meyer. Wiesbaden.

BRAUN-BLANQUET, J. (1964): Pflanzensoziologie - Grundlage der Vegetationskunde. Wien-New York (Springer). 2., umgearbeitete und vermehrte Auflage.

ELLENBERG, H., DÜLL, R., WIRTH, V., WERNER W. & PAULISZEN, D. (1992): Zeigerwerte von Pflanzen in Mitteleuropa. 2. verbesserte und erweiterte Auflage. Scripta Geobotanica XVIII. Götze KG Göttingen.

FRANK, D. & KLOTZ, S. (1990): Biologisch-ökologische Daten zur Flora der DDR. 2. völlig neu bearbeitete Auflage. Halle (Saale).

GULICH, A. (1955): Die Flora im Kirchberger Teichgebiet. Mskr.

HARDTKE, H.-J. & IHL, A. (2000): Atlas der Farn- und Samenpflanzen Sachsens. Sächsisches Landesamt für Umwelt und Geologie. Materialien zu Naturschutz und Landschaftspflege. Dresden.

HEMPEL, W. & PIETSCH, W. (1985): Verbreitungskarten sächsischer Leitpflanzen. Ber. der AG sächs. Bot. N.F. XII. Ausgegeben März 1985. S. 1-50.

HERBARIUM KIRCHBERG von A. Liebold, Sammeljahre 1882-1934 (Ernst-Schneller-Schule Kirchberg, Teile in Privatbesitz).

HERBARIUM GULICH (Privatbesitz).

HERBARIUM ZWICKAU. Sammlung des Vereins für Naturkunde zu Zwickau, Sammeljahre 1872-1931. Städtisches Museum Zwickau.

JÄGER, E. J. & WERNER, K. [Hrsg.] (2002): Exkursionsflora von Deutschland. Bd. 4. Gefäßpflanzen. Kritischer Band. 9., völlig neu bearbeitete Auflage. Heidelberg-Berlin.

KESSNER, H. (1875): Beiträge zur Flora von Zwickau. Jber. Ver. f. Naturk. Zwickau 1875.

Klima-Atlas für das Gebiet der DDR (1958): Herausgegeben vom meteorolog. u. hydrolog. Dienst der DDR. Berlin 1953, erste Ergänzung 1958.

KLOTZ, S., KÜHN, I. & DURKA, W. (2002): BIOFLOR – Eine Datenbank mit biologisch-ökologischen Merkmalen zur Flora von Deutschland. Bundesamt für Naturschutz. Bonn-Godesberg.

MÜLLER, F. (1998): Rote Liste Moose. Sächsisches Landesamt für Umwelt und Geologie. Materialien zu Naturschutz und Landschaftspflege. Dresden.

Müller, F. (2004): Verbreitungsatlas der Moose Sachsens. lutra-Verlag. Tauer.

OBERDORFER, E. (1977): Süddeutsche Pflanzengesellschaften. Teil I. Fels- und Mauergesellschaften, alpine Fluren, Wasser-, Verlandungs- und Moorgesellschaften. 2., stark bearbeitete Auflage. Gustav Fischer Verlag Jena, Stuttgart, New York.

KÄSTNER, M., FLÖßNER, W. & UHLIG, J. (1939): Die Pflanzengesellschaften des westsächsischen Hügellandes. I. Teil. Die Gesellschaften des nackten Teichschlammes (Eleocharetum ovatae). Bearbeitet von Johannes Uhlig. Veröffentl. des Landesvereins Sächsischer Heimatschutz zur Erforschung der Pflanzengesellschaften Sachsens. Neudruck aus dem 23. Bericht der Naturwissenschaftlichen Gesellschaft Chemnitz (1931) mit Ergänzungen. S. 1-40.

PIETSCH, W. (1966, 1967): Die Verlandungsvegetation des Sorgenteiches bei Ruhland in der Oberlausitzer Niederung und ihre pflanzengeographische Bedeutung. Ber. der AG sächs. Bot. N.F. VIII. Ausgegeben Juni 1968. S. 55-91.

PIETSCH, W. (1974): Übersicht über die im brandenburgischen Gebiet vorkommenden Zwergbinsen-Gesellschaften (Isoëto-Nanojuncetea). Verh. Bot. Ver. Prov. Brandenburg. S. 56-95.

PIETSCH, W. & MÜLLER-STOLL, W. R. (1968): Die Zwergbinsen-Gesellschaft der nackten Teichböden im östlichen Mitteleuropa, Eleocharito-Caricetum bohemicae. Mitt. Florist.-soziol. Arbeitsgem. N.F. **13**. S. 14-47.

PIETSCH, W. (1999): Zum Keimverhalten ausgewählter Arten mitteleuropäischer Zwergbinsengesellschaften. Mitt. bad. Landesver. Naturkunde und Naturschutz. N.F. **17**. S. 261-274.

PIETZSCH, K. (1951): Abriß der Geologie von Sachsen. Berlin.

POSCHLOD, P. (1993): "Underground floristics" - keimfähige Diasporen im Boden als Beitrag zum floristischen Inventar einer Landschaft am Beispiel der Teichbodenflora. Natur und Landschaft. H. **4**. S. 155-159.

POSCHLOD, P., BÖHRINGER, J., FENNEL, S., PRUME & C. & TIEKÖTTER, A. (1999): Aspekte und Ökologie von Arten der Zwergbinsenfluren. Mitt. bad. Landesver. Naturkunde und Naturschutz. N.F. **17**. S. 219-260.

TÄUBER, T. & PETERSEN, J. (2000): Isoëto Nanojuncetea (D1). Zwergbinsen-Gesellschaften. Synopsis der Pflanzengesellschaften Deutschlands. Heft **7**. Göttingen.

Internet: www.zwickau-wetter.de

Verwendete Karten:

Top. Karten 1 : 25 000:

5341 Wilkau-Haßlau, 5340 Zwickau S, 5440 Auerbach, 5441 Schneeberg.

Geologische Spezialkarten des Königreichs Sachsen (1:25 000):

124 Planitz-Ebersbrunn, 125 Kirchberg-Wildenfels, 135 Auerbach-Lengenfeld, 136 Schneeberg-Schönheide.

8 Anhang

Vegetationsaufnahmen

- *Littorelletalia* W. Koch 1926 (Europäische Strandling-Flachwassergesellschaften)
- ***ASS*** **Eleocharito ovatae-Caricetum bohemicae** ***Klika 1935 (Ei-sumpfsimsen-Zypergrasseggen-Gesellschaft)***

Bildteil

Anhang

Littorelletalia W. Koch 1926 (Europäische Strandling-Flachwassergesellschaften)

Nr. der Vegetationsaufnahme	1	2	3	4	5	6	7	8	9	10	11	12	13	14	15	16	17	18	19	20	21	22	23	24	25	26	27	28	29	30	31	32	33	34	35	36	37	38	39	40	41	42
TK/VQ	5440/21	5440/21	5440/21	5440/21	5440/21	5441/11	5441/11	5441/11	5441/11	5441/11	5341/33	5440/21	5441/11	5340/44	5340/44	5340/44	5441/11	5441/11	5340/44	5340/44	5341/33	5341/33	5341/33	5340/44	5340/44	5340/44	5340/44	5340/44	5341/33	5341/33	5341/33	5440/21	5440/21	5440/21	5441/11	5441/11	5441/11	5441/11	5441/11	5441/11	5441/11	5441/11
Datum	29.07.06	29.07.06	29.07.06	29.07.06	29.07.06	16.09.03	16.09.03	16.09.03	16.09.03	16.09.03	18.09.03	29.07.06	30.08.89	30.08.06	30.08.06	30.08.06	30.08.89	30.08.89	30.08.06	30.08.06	18.09.03	18.09.03	18.09.03	22.09.91	22.09.91	22.09.91	30.08.06	30.08.06	05.08.95	05.08.95	16.09.03	29.07.06	29.07.06	29.07.06	18.10.90	18.10.90	18.10.90	18.10.90	18.10.90	18.10.90	18.10.90	18.10.90
Fläche [m^2]	4	4	4	4	4	4	4	4	4	4	1	4	4	4	4	4	4	4	4	4	2	2	4	4	4	4	4	4	4	4	4	4	4	4	4	4	4	4	4	4	4	4
Höhe über NN	430	430	430	430	430	420	420	440	440	440	385	430	440	345	345	345	440	440	345	345	385	385	385	385	385	385	345	345	390	390	390	430	430	430	440	440	440	440	440	440	440	440
Deckungsgrad	75	90	95	75	85	95	95	90	80	70	95	95	95	85	80	80	95	90	85	90	95	95	95	95	95	95	95	95	95	75	90	75	85	85	95	85	95	95	95	95	95	95
Artenzahl/VA	9	9	4	5	11	6	3	9	7	7	3	5	7	7	6	7	8	10	6	5	4	5	4	3	4	5	6	6	6	5	4	3	4	3	4	5	3	4	4	6	3	2
durchschnittliche Artenzahl: 5,4																																										
Isoeto-Littorelletea-Arten																																										
Eleocharis acicularis	**3**	**5**	**5**	**4**	**3**	**4**	**5**	**3**	**4**	**4**	**4**	**4**	**1**	**3**	**3**	**3**	**4**	**4**	**4**	**3**	**1**	**1**	**2**	**4**	**1**	**4**	**5**	**3**				+	+	+								
Juncus bulbosus			r	+	+			+	+	+																			**3**	**3**	**4**	**4**	**4**	**4**	**4**	**3**	**5**	**3**	**4**	**4**	**5**	**4**
Elatine hexandra																					4	4	3																			
Isoeto-Nanojuncetea-Arten																																										
Rorippa palustris	+	+	+							+			1		+	+	1	1	1	2	r					+	+	r														
Gnaphalium uliginosum					r					r				+	+	+	+	+										+														
Plantago major ssp. *intermedia*									4	+	+	+		+									r	1																		

Limosella aquatica																							2	3	1	r	1														
Eleocharis ovata						1																						1	1	+											
Juncus articulatus								r																				4													
Bidentetalia-Arten																																									
Alopecurus aequalis	+	+	r			1	r				1	r									1	1	1							r	r	+	+	1								
Persicaria maculosa								r				+		1	1	+			r			+	+						+													
Bidens frondosa	r							1	r		1					+	+		+	1																						
Bidens tripartita		r												1			+	+		+									+													
Nr. der VA	1	2	3	4	5	6	7	8	9	10	11	12	13	14	15	16	17	18	19	20	21	22	23	24	25	26	27	28	29	30	31	32	33	34	35	36	37	38	39	40	41	42
Persicaria hydropiper	+				1								1														r						1	1								
Persicaria lapathifolia	1	1			1	r	r																																			
Phragmitetalia-Arten																																										
Alisma plantago-aquatica			1		2		+	+										+							+	+		+							+		4		+			
Sparganium emersum								r														r		2	2	+										1	1	+	1			
Glyceria fluitans		+																																	3	3	+		1	3	+	
Ranunculus flammula					r				r	1																													1	+	1	1
Lycopus europaeus		r			r			r	r	r																				+	1											
Eleocharis palustris					r							r						+							1													+		+		
Phalaris arundinacea														1		1			r	+								1														
Rumex aquaticus													1				1	2																								
weitere Arten:																																										
Potamogeton natans								+	1	+																									+	+						
Mentha x verticillata													1				1	+																								

Aufn. 1-28: *Eleocharition acicularis* PIETSCH 1967 em. DIERßEN 1975 (Nadelsumpfsimsen-Gesellschaften)

Aufn. 29-42: *Juncus bulbosus-Littorelletalia-Gesellschaft* (Zwiebelbinsen-Gesellschaft)

Weiterhin in der Feldschicht:

Aufnahme 1: *Alnus glutinosa*, juv. +, *Epilobium ciliatum* r, *Urtica dioica* r

Aufnahme 2: *Alnus glutinosa*, juv. r, *Tussilago farfara* r

Aufnahme 4: *Equisetum fluviatile* +, *Typha latifolia* +

Aufnahme 5: *Cirsium palustre* +, *Galium palustre* s. l. r, *Mentha arvensis* r

Aufnahme 6: *Typha latifolia* r

Aufnahme 13: *Chenopodium polyspermum* +

Aufnahme 14: *Salix purpurea*, juv. r

Aufnahme 15: *Juncus effusus* +

Aufnahme 17: *Chenopodium polyspermum* +

Aufnahme 18: *Poa trivialis* +, *Salix fragilis*, juv. 2

Aufnahme 30: *Tussilago farfara* 1

Aufnahme 35: *Callitriche palustris* agg. +

Aufnahme 40: *Mentha arvensis* +

Herkunft der Aufnahmen:

Aufnahmen 1 – 5, 12, 32 – 34 : Großer Teich bei Irfersgrün (RW 4530730; HW 5607045)

Aufnahmen 6, 7: Teich zwischen Leutersbach und Giegengrün: (RW 4537050; 5606457)

Aufnahmen 8 – 10, 13, 17, 18, 35-42: Teich zwischen Hartmannsdorf und Giegengrün (RW 4537510; HW 5606144)

Aufnahmen 11, 21 – 23: Teich unterhalb des Himmelteiches bei Kirchberg (RW 4535575; HW 5609699)

Aufnahmen 14-16, 19, 20, 27, 28: Talsperre Wolfergrün (RW 4534185; HW 5609819)

Aufnahmen 24 - 26: Teich unterhalb des Hammerliebteiches bei Wolfersgrün (RW 4535262; HW 5609497)

Aufnahmen 29, 30:Teich südlich des Geyersberges bei Kirchberg (RW 4537281; HW 5608744)

Aufnahme 31: Himmelteich bei Kirchberg (RW 4535701, HW 5609598)

ASS Eleocharito ovatae-Caricetum bohemicae Klika 1935 (Eisumpfsimsen-Zypergrasseggen-Gesellschaft)

VA-Nr.	1	2	3	4	5	6	7	8	9	10	11	12	13	14	15	16	17	18	19	20	21	22	23	24	25	26	27	28	29	30	31	32	33	34	35	36	37	38	39	40	41	42	43	44	45	46
TK/VQ	5440/22	5440/22	5440/22	5440/22	5440/22	5440/22	5440/22	5440/22	5440/22	5440/22	5440/22	5440/22	5440/22	5440/22	5440/22	5440/22	5440/22	5440/22	5440/22	5440/22	5440/22	5440/22	5441/11	5441/11	5441/11	5441/11	5340/33	5340/33	5440/22	5440/22	5441/11	5441/11	5441/11	5441/11	5441/11	5441/11	5441/11	5440/22	5440/22	5340/33	5340/33	5340/33	5340/33	5340/33	5440/22	5440/22
Datum	05.08.9	05.08.9	26.07.8	26.07.8	26.07.8	26.07.8	26.07.8	26.07.8	26.07.8	26.06.0	26.06.0	26.06.0	26.06.0	26.06.0	26.06.0	26.06.0	26.06.0	26.06.0	26.06.0	26.06.0	26.06.0	26.06.0	31.07.0	31.07.0	31.07.0	31.07.0	28.08.9	28.08.9	14.08.9	14.08.9	25.07.8	25.07.9	25.07.9	25.07.9	25.07.9	25.07.9	25.07.9	04.09.9	26.06.0	16.09.0	05.08.9	05.08.9	05.08.9	05.08.9	14.08.9	14.08.9
Fläche [m^2]	4	4	4	4	4	4	4	4	4	4	4	4	4	4	4	4	4	4	4	4	4	4	4	4	4	4	4	4	4	4	4	4	4	4	4	4	4	4	4	4	4	4	4	4	4	4
Höhe über NN	455	455	455	455	455	455	455	455	455	455	455	455	455	455	455	455	455	455	455	455	455	455	435	435	435	435	365	365	445	445	450	450	450	450	450	450	450	455	455	445	365	365	365	365	445	445
Deckungsgrad	85	85	95	95	95	95	95	95	95	85	75	80	95	95	95	85	95	95	95	85	95	95	95	85	95	95	95	95	95	95	95	85	85	95	95	90	95	95	95	95	95	95	90	95	95	95
Artenzahl gesamt	2	7	14	9	6	6	6	8	8	7	8	9	4	7	8	12	8	7	7	9	7	6	14	16	14	14	15	15	10	10	8	9	3	4	6	5	5	5	5	3	5	4	4	3	9	8
durchschnittliche Artenzahl: 7,8																																														
Assoziationscharakter-arten																																														
Eleocharis ovata	**3**	**1**	**+**	**1**	**3**	**2**	**+**	**2**	**3**	**4**	**4**	**4**	**+**	**+**	**2**	**2**	**3**	**4**	**2**	**4**	**3**	**3**	**2**	**3**	**3**	**3**	**3**	**4**	**2**	**1**	**4**	**3**	**3**	**4**	**4**	**3**	**4**			**4**	**3**	**3**	**3**	**3**		
Carex bohemica	**1**	**3**	**3**	**2**	**3**	**2**	**2**	**3**	**+**	**+**	**+**	**+**	**3**	**4**	**3**	**1**	**3**	**2**	**3**	**+**	**3**	**3**	**3**	**+**	**1**	**1**	**+**	**+**	**3**	**3**								**4**	**4**						**3**	**4**
Isoeto-Nanojuncetea-Arten																																														
Rorippa palustris		+				+	+			+	+		+	+	1	+			+	+	+	1	1		r		1		2		+		1											3	3	
Juncus articulatus																							+	+	+	2	1					+			3		1									
Peplis portula																											1	1				2									2					
Gnaphalium uliginosum		+					+															r																								
Juncus bufonius			+	4																																										
Callitriche palustris agg.																									1																					

Isolepis setacea			r																																											
Isoeto-Littorelletea-Arten																																														
Juncus bulbosus			+																						+		+		+		1				+											
Veronica scutellata																										1	1																			

VA-Nr.	1	2	3	4	5	6	7	8	9	10	11	12	13	14	15	16	17	18	19	20	21	22	23	24	25	26	27	28	29	30	31	32	33	34	35	36	37	38	39	40	41	42	43	44	45	46
Bidentetalia-Arten																																														
Alopecurus aequalis		3	3	2	3				1	+	+	3	+	3	1		+		+	2		r			+	4	3	2	1	+	1	2		1			2	3		3	2		3	+		
Persicaria maculosa									+	+	+	+	1	+	+	1	+	1	+	+	+	1		r	+	+	1			1	1	3	3	+	1	+	+	1								
Bidens frondosa			1	2	+				+	+		1		r	+	+		+		r				r	r				2	2															3	1
Persicaria lapathifolia							+								+	+						+				+	+		+				+		1									+	1	
Ranunculus sceleratus									+	+			r	+			+	1							+	r																				
Persicaria hydropiper															+								+	+		+																				
Ranunculus repens	r	+																				+																								
Bidens tripartita																		r													2															
Bidens cernua			+	r																																										
Phragmitetalia-Arten																																														
Alisma plantago-aquatica	+	3	1			1	+	+	1			1	1	1		1	1	+	+		2	+	r	+		2	+	1				r			+		1	1	2	3	3	+	1			
Epilobium ciliatum			1			1	+		2							+	+	r									1	1	r	+		+				+	+								+	+
Typha latifolia						3				+		+				1	1		2	1	+	2		r												3	3			2			+			+
Lycopus europaeus								1		r													r				+	r			r						1									
Sparganium emersum			1			2																							1											2			+			
Persicaria amphibia			+			2	+	1																														+								
Epilobium palustre																							+	+	r		1																			
Glyceria fluitans																										r																			1	1
Epilobium hirsutum																										r		+														1				
Eleocharis palustris							2																																							

weitere Arten:																																														
Equisetum fluviatile						3	+																														r									
Juncus effusus																							3		2	1																				
Rumex crispus			1											r					r																											
Betula pendula, juv.																							+	r	r																					
Betula pubescens, juv.																					r	r		r																						
Alnus glutinosa, juv.	+																							+	r																					
Tripleurospermum perforatum	1																				+																									

Weiterhin in der Feldschicht:

Aufnahme 2: *Solidago canadensis* r, *Cirsium palustre* r, *Taraxacum officinale* agg. r

Aufnahme 3: *Poa annua* 1

Aufnahme 23: *Agrostis canina* +, *Phalaris arundinacea* +, *Rumex obtusifolius* r

Aufnahme 24: *Salix caprea*, juv. r, *Sonchus oleraceus* r, *Tussilago farfara* r

Aufnahme 25: *Juncus acutiflorus* r, *Scirpus sylvaticus* r

Aufnahme 26: *Lysimachia vulgaris* +

Aufnahme 27: *Calla palustris* r

Aufnahme 28: *Galium uliginosum* r, *Ranunculus flammula* +

Aufnahme 29: *Sparganium erectum* +

Aufnahme 30: *Tanacetum vulgare* r, *Trifolium repens* 1

Aufnahme 31: *Echinochloa crus*-galli r

Aufnahme 32: *Solidago canadensis* r

Aufnahme 41: *Spirodela polyrhiza* +

Herkunft der Aufnahmen:

Aufnahmen 1-22, 38,39: Herrenteich bei Stangengrün (RW 4532914; HW 5605704)

Aufnahmen 23-26: Teich unterhalb des Hauptteiches bei Hartmannsdorf (RW 4538013; HW 5605855)

Aufnahmen 27, 28, 41-44: Kleiner Filzteich bei Niedercrinitz (RW 4534833; HW 5610046)

Aufnahmen 31-37: Großer Teich bei Giegengrün (RW 4536060, HW 5605983)

Aufnahmen 29, 30, 40, 45, 46: Teich unterhalb des Herrenteiches bei Stangengrün (RW 4532945; HW 5606070)

Bildteil

Eleocharis ovata

Carex bohemica

Sparganium emersum

Alopecurus aequalis

Notizen

Notizen